新建筑设计丛书

刘光亚　鲁　岗 主编

会所设计 1

中国建筑工业出版社
CHINA ARCHITECTURE & BUILDING PRESS

前　言

在撰写前言之时，我时时按捺不住地翘望"新建筑设计丛书"出版的日子。在这个期盼当中，我很自然地感受到了时间的尺度，正如站在门廊放眼于广庭中央那开阔的大殿——我在未到场之时已被场所感染。

也许更有贤士的慧眼深智将不止于大殿，他们的目光拉得更远更长以至瞻顾华夏悠远文明，使本书幸沐圣泽。如果是这样，我将倍感荣幸，挚谢鞠躬。

所幸于时代的兴旺成长，我不断发现越来越多拥有意韵灵性的新建筑。我想，这背后定然隐藏着一大批才华横溢、踌躇满志的优秀设计师。但是天地之大，岁月匆匆，时代的舞台大而纷繁以至难辨鸧鹤黯然飞逝。我梦想着为他们新建一座大花园，把瞬间绽放和默然静待的奇花异蕾留住，以望其影如闻其香。

"新建筑设计丛书"现有三个系列。《售楼处设计1》中集聚了近年来北京售楼处的精选案例。我曾感叹不少优秀的售楼处难逃拆除的命运，因而起了收录成书的动机。正是由于售楼处本身功能的单一和寿命短暂，那种存在的本体真实性就更加强烈地呈现出来，它是那么专注，因而显得万分单纯坦诚。加上业主对于它所附加的广告宣传之需要，它在设计师的充分畅想之中忠实而自如地承接了自己的使命，以从容的坦诚使短暂化为永恒。《会所设计1》中收录的"会所"建筑兴起不久，一般作为社区的活动中心。会所代表的生活是现代人工作和家庭的延伸，是群体自我的抉择、融入和展示，是一部分人寻觅精神家园的新场所。但会所的实质并不是精神家园，它与此无关，与一切无关，它简明、自由、轻率、炫耀、放任，而我们有时竟能在喧闹中嗅到禅意。第三本是《旧建筑空间的改造和再生1》，其中所选的建筑保护、改造和利用案例与巴黎、伦敦、阿姆斯特丹、柏林、安特卫普等城市的LOFT同工异曲。LOFT赋予建筑以尊严，它们深情且智慧，既符合时代又超越了时代。LOFT是建筑生死的再反思，但它并不是回答，也未作选择。它永远在选择之中，思索与体验即是目的。杜甫有一首诗道："人生不相见，动如参与商；今夕更何夕，共此灯烛光。"LOFT不禁使我依稀觉得时空交迭，混沌无依，然后我通常会突然真切地意识到自我，在一切影绰的空间中包裹着的时间散落出来，作为背景追问着存在的意义并寻求着永恒。

我所幸能主编此丛书，书中的实例帮助我们在浩大的宇宙里圈留出一些地方，让我们可以用力牢牢抓住，以免滑入时空的缝隙。它们都是很小的作品，有时甚至微不足道。但我们应对它们怀以敬畏，因为是它们肩负起你我的存在，撑起了世界的屋顶，也是它们坚强地立于纷扰之中，努力为我们留住一些清静、安逸和梦想。

最后，我想向设计并提供书中作品的建筑师们致谢，也向所有辛勤而坚韧的求索者们致敬！并感谢我们的国家和我们的荣盛时代！

刘光亚　写于北京清明时分
二零零六年四月初

目录

006　天津东丽湖邻里中心
030　左右间咖啡
038　北京贝迪克阿根廷烤肉
050　北京太伟运动休闲度假村会所
056　国家体育总局射击射箭运动中心　射击俱乐部
064　SOHO现代城艺术馆
076　棕榈泉国际公寓俱乐部
088　富成花园会所
099　天津东丽湖会所
103　北京境界社区会所
107　东方太阳城社区会所
118　菩提树休闲会所

会所设计 1

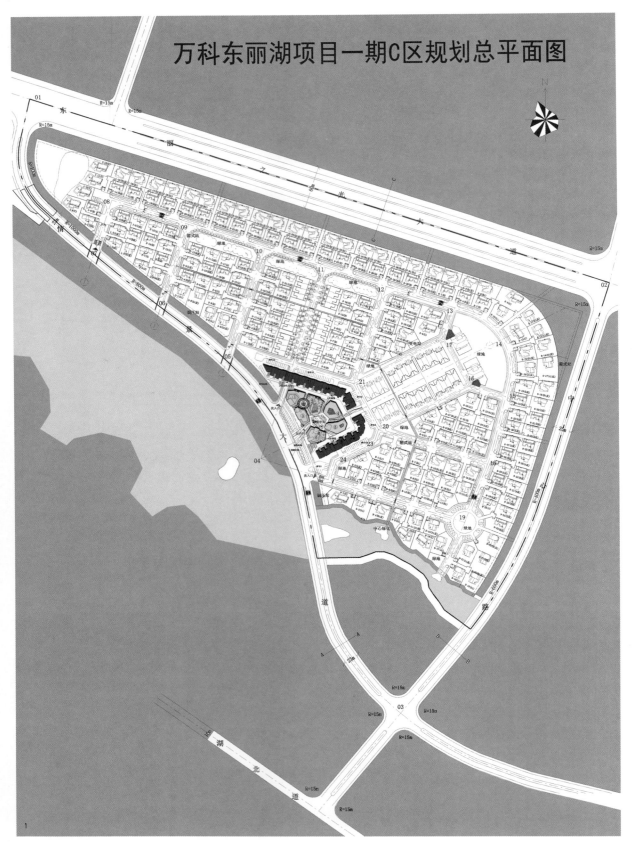

1 总平面图
2 夜景
3 平面局部图

天津东丽湖邻里中心

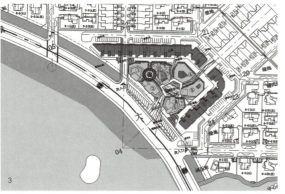

项目名称：天津东丽湖邻里中心
业　　主：天津万科房地产公司
设计管理及现场督导：邢鹏、宋子华、施虹、张海峰、王爱国等
瑞方项目经理：Mark Ryberg
瑞方建筑师：Bertil Ohrstrom、Anna Hessle、谭英
中方项目经理：张兵
工程主持人：孙捷
中方建筑师：朱昀、邹丽婷
结 构 师：钟志宏、杨琪、薛微
设 备 师：刘询、纪硕
电 气 师：李楠、师科峰
景观设计：创羿高峰+SWA（美国）
设　　计：2003年
建筑设计：北京中联环建文建筑设计有限公司+SWECO FFNS（瑞典）
建筑规模：10000m²
建筑层数：3层
完成时间：2004年

4　小广场夜景
5　外景
6　塔楼夜景

在承接这个项目之前，没有人知道天津东部还有东丽湖这么一大片保存完好的湿地：夕阳映照着辽阔的水面，芦苇中闪现着轻盈的水鸟。邻里中心作为这片宝地旁边三千亩大型低密度社区第一个登台亮相的小组团，对参与其中的所有人来说，既有动人的诱惑，又有切实的压力。

7–9 外景

项目由两部分组成：一部分为社区级公建，另一部分为低密度公寓。外方建筑师负责公建部分的方案设计，中方负责公寓部分的方案、全部的节点及技术设计。

在最初的方案中，公建被设计成一个3000平方米的单栋建筑，在经历了一轮脱胎换骨的方案调整之后，最终建成的公建部分由6个大小形状各异的建筑组成，成为整个项目面向湖面的视觉中心；两栋高低错落的公寓仍保留在公建和大片的别墅群之间，肩负着在视觉和空间上的过渡角色。特别需要提到的是8栋小建筑之间围合的小街道和小广场，就如同一个故事中的情节主线，成为整个空间不可或缺的部分。事实上，在设计的最初，也正是在基地上按照人的动线和景观视线先行划分出了道路和放大的广场空间，而后得到了8栋建筑，最终的效果正是如实反映了当初设计者的意图。

六栋公建在功能上略有不同：沿街的三栋建筑预留了作为餐厅使用的条件，在项目销售期间，最大的一栋暂作为售楼中心使用；其余三栋内部被划分成更小的商铺，以便更贴切地反映多用途邻里中心的各项功能需求；一个圆形和一个五边形的小广场被作为内向型的交往空间，同时，站在两个小广场上都能通过小街道看到东丽湖的水面和更深处的别墅区。两栋公寓楼以2层和3层为主，局部4层，高低错落，在定位上属于休闲度假式公寓。体量上的高低错落也是围绕着小街道上人的视线而定的，虽然总共只有五十多户，但不论户型大小，每户都有从小街道上的直接入口。

在建筑的外墙处理上设计师的选择是"多"：多达二十余种外墙材料几乎都是天然的建材，以至于在任何一条小街道上都有三种以上的材料和色彩，而这种"多"的手法与建筑相邻的环境是相吻合的，一片保存完好的、自然的、带有乡野青草气息的湿地，丰富的颜色和物种在一个"自然"的前提下和谐并存。整个建筑群平面布局的"凌乱"、外观材料的"随意"拼贴搭配，使建筑少了"新房子"的许多生涩，却如同是在自然界

10　外景
11　外景一角

生长出来的一般。

材料上的丰富，同时又要统一在一个平整的表皮下，给设计和施工中带来了一些难度，设计师和业主在周边建材市场、甚至山区的采石场里寻找适当颜色和质感的建材，而施工过程几乎是处于一种"手工"状态。好在业主对现场的督导非常坚决，在多数人认为不可能的工期内完成了建设并达到了预期的效果。同时业主委托的景观设计师和雕塑师使用了和建筑群非常和谐的语言,这些对于一个房地产项目来说都是非常难得的。

（文／张兵 孙捷）

13 室外庭园

14　街区日景
15　室外一角
16　广告牌

17	社区中心
18-19	外景一角
20	外墙细部

21　外景一角
22—23　墙面细部
24　中心广场庭园

25 样板间
26 外景一角

天津东丽湖邻里中心

27 样板房
28 外景一角

天津东丽湖邻里中心

29 样板房
30 外景一角
31 外景一角

32 样板房
33 街区全景

左右间咖啡

项目名称： 左右间咖啡
业　　主： 于露
设计单位： 左右间环境艺术设计所
设 计 人： 于露
建造地点： 海淀区圆明园东门
造　　价： 30万元
完成时间： 2003年

左右间咖啡位于圆明园东门北侧，距"大水法"遗迹很近。基地原有坡顶单层建筑六开间，分三个自然间，互不连通。改建设计当中包括内部空间与后院空间的关系重组和对建筑前场地内新功能建筑的设计。新建筑包括卫生间、厨房和屋顶餐厅。

将新的小建筑作为虚构装置来设计则注重两个方面：其一，在环境中"有保留地消失"；其二，充分表现新建筑的空间特性及结构关系。外表皮为镜面不锈钢，产生对周围环境的融合；卫生间地面和屋顶均为透明材质，从而可感受到此部分空间的悬挑关系，从透明屋面透过的天光及水中游动的锦鲤的美，都为屋内及屋面平台上的使用者带来全新的感受。

设计使用常见材料，但工艺做法不同，成为空间体验的重要构成部分，同时帮助体验者完成对空间的读解。

1-2 外景

3—4 外景
5 雪景

左右间咖啡

6 室内吧台

7 室内
8 室内咖啡座

左右间咖啡

1 外景

北京贝迪克阿根廷烤肉

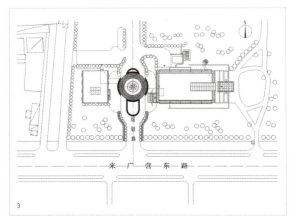

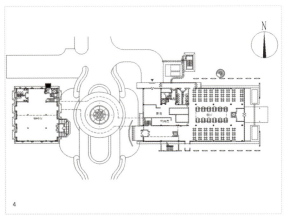

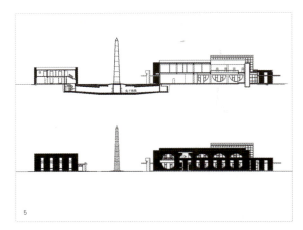

2　室外全景
3　总平面图
4　首层平面图
5　剖面、立面图
6　外景
7　外景一角
8　室外尖塔

项目名称：北京贝迪克阿根廷烤肉

业　　主：北京贝迪克阿根廷烤肉有限公司

设计单位：北京中联环建文建筑设计有限公司

建筑设计：李晓光、贾更生、潘劲蓉、赵胜利

结构设计：张静舫

设备设计：王立

电气设计：柏挺

结构形式：钢筋混凝土框架结构

建筑面积：2819m²

项目地点：北京市朝阳区来广营东路北侧

工程造价：3000万元

完成时间：2004年8月

9 外廊
10 室内入口
11 室内吧台

阿根廷烤肉馆原本只是一个 3000m² 的餐厅项目，但是它的地理位置非常优越，北侧和东侧有东郊农场公园的现状绿地，大面积树木郁郁葱葱；南侧临来广营东路，并退道路红线 32m 作为城市绿地，此建筑就掩映在茂密的绿树之间。

在总体布局上，将阿根廷首都的方尖碑缩小比例放置正中，作为整个建筑的中心，使得仅 3000m² 的餐厅建筑形象强烈、突出、鲜明，并极具标志性和可识别性。烤肉餐厅和咖啡厅分别位于方尖碑的东西两侧，以庄重的形式烘托宁静与安详的氛围。将其单一的餐厅功能提升到一个新的高度，使它的建筑特点更像一个精彩的小型俱乐部。

作为主要功能的烤肉餐厅，室内装修独特，材料朴素高雅，在吊顶上做了特别的吸声处理，餐厅四周设有双层外墙，墙间围合成室外平台空间，提供餐厅室外摆桌、享受园林环境的可能。

方尖碑的正下方是一个连通烤肉餐厅和咖啡厅的地下酒廊，通廊两侧设有满壁的酒架，围绕中心还有品酒的吧台，为客人提供一个赏酒、品酒的场所。

本项目已经投入使用一年多时间，无论是设计师还是甲方都没有做过大量的宣传和广告，但是不断的从各个方面反馈回一些让人高兴的意见，品质来自内涵，并赋予建筑生命。

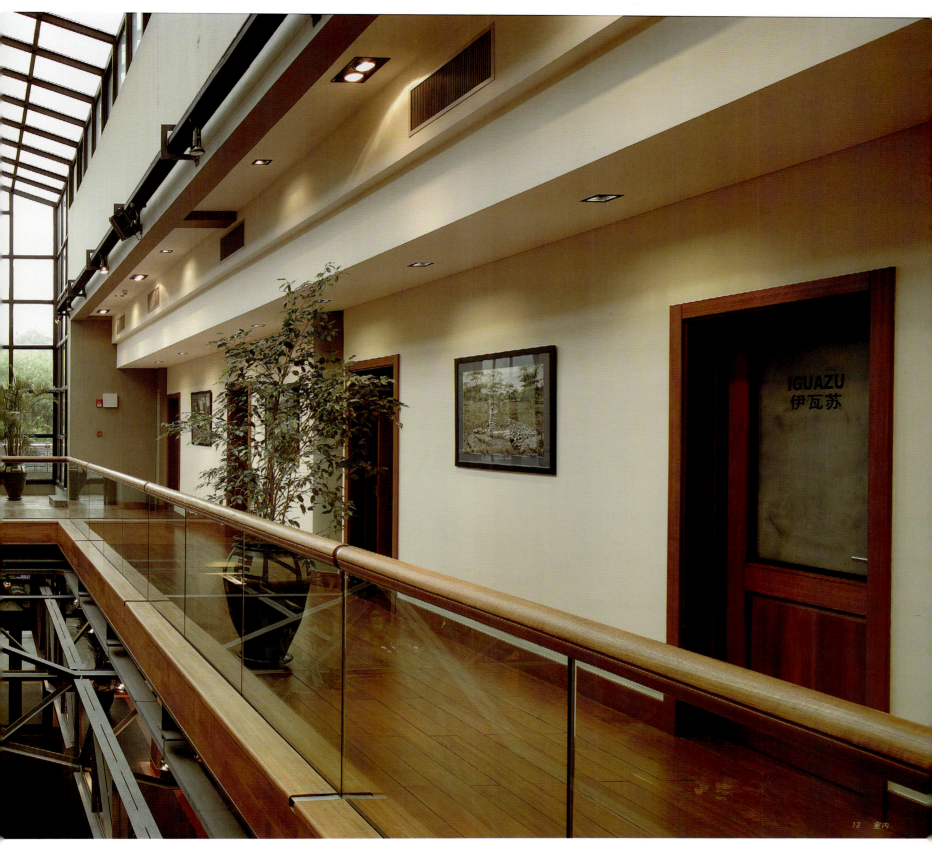

13　餐厅大堂
14　餐厅一角

15　大厅
16　就餐区
17　酒廊

北京太伟运动休闲度假村会所

1　室外全景
2　总平面图
3　入口

项目名称：北京太伟运动休闲度假村会所
设计单位：中国科学院北京建筑设计研究院
建 筑 师：崔彤、赵正雄、曾荣
建筑面积：10180m²
项目地点：北京昌平，燕山脚下
层　　数：2-4层
设计时间：2002年6月 – 2003年5月
完成时间：2004年5月

环境营造
　　依山就势打造出建筑、山地、树林、草坪、天色相融一体的场所。

空间构筑
　　构建一序列节奏感强、动静分区明确的空间组群，营造一组休闲、舒适、个性鲜明的室内外空间，传承古典建筑的时空维度，构筑山地建筑空间。

形态写意
　　从平面与造型两个层次写意本项目的山地环境与高尔夫球运动功能特征，以地脉走势为依托架构平面格网。会所规整的平面与酒店平面偏、转、折、断的形态形成对比，造型形态、会所高低起落的玻璃天窗造型与酒店纵横交叉、碰撞的体形相呼应，写意"地质造山"与"高尔夫球"的运动特征。

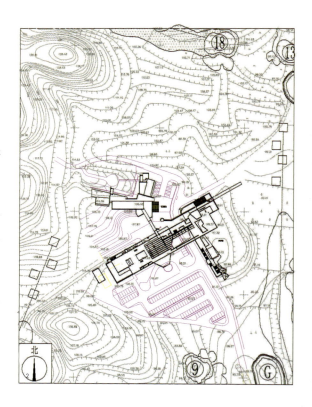

4 外景
5 首层平面图
6 二层平面图
7 外景
8 内部庭园

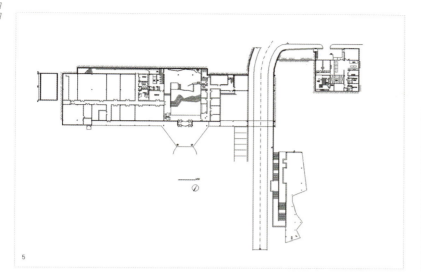

5

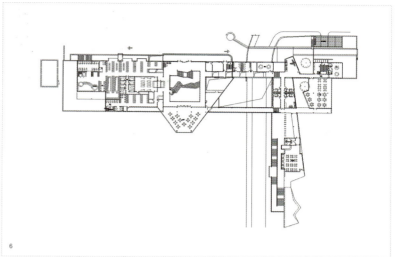

6

8

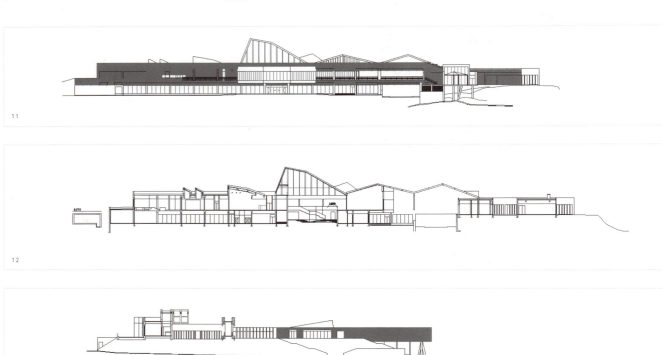
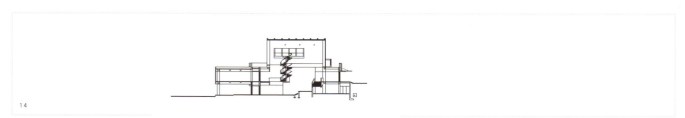

9	外景
10	实景立面图
11–12	立面图
13–14	剖面图

1	室外
2	效果图
3	总平面图
4	室外

项目名称：国家体育总局射击射箭运动中心射击俱乐部

业　　主：国家体育总局

设计单位：北京中联环建文建筑设计有限公司

建筑设计：梁井宇、祝子郁、金江、周志红

项目地点：北京石景山区，福田寺甲3号

项目规模：300m²

造　　价：230万人民币

完成时间：2003年9月－2004年5月

国家体育总局射击射箭运动中心　射击俱乐部

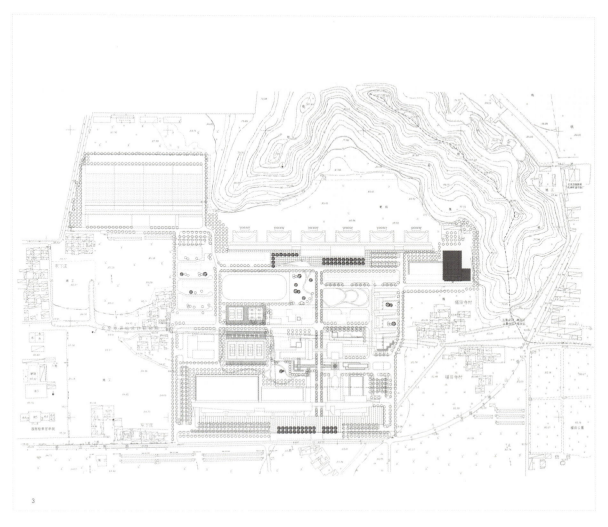

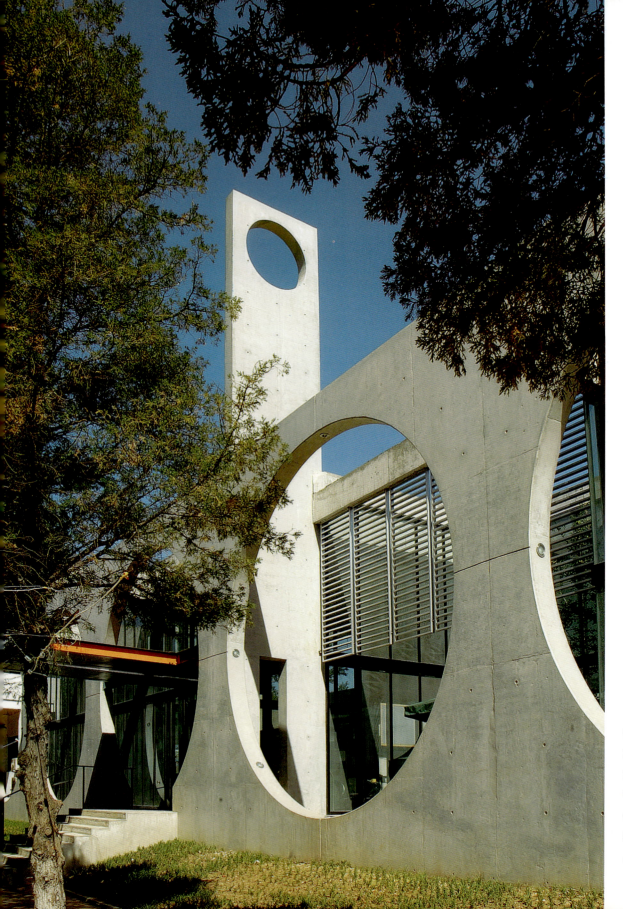

基地东西长35m，南北长65m。射击俱乐部位于南端，北侧留出50m是射击区的长度。西侧同原有建筑相连。南立面有两层，外层为清水混凝土墙，上有五个圆洞，是承重墙。向北两米是第二层，为透明丝网印刷玻璃幕墙。它分隔室外和室内等候厅。沿东西方向，等候厅被两个庭院分成三部分，但视线依然通畅。射击区和等候厅之间为防弹玻璃。射击区照明和材料明亮，和等候厅的柔和色调对比，使观众舒适地观看射手的身形剪影。

6-7 室外

8-10 室内细部

国家体育总局射击射箭运动中心 射击俱乐部

11 入口处
12 入口细部
13 过道走廊

SOHO 现代城艺术馆

1　室外
2　室外全景

SOHO现代城艺术馆收藏了一批在当今世界艺术界极受关注的中国艺术家的作品。与传统艺术对生活的美化和修饰不同，这批作品以艺术的形式阐述了哲学的和社会学的问题。

林一林的"小偷"以写实的手法直接面对城市中新兴的中产阶级最关注的"安全问题"。

汪兴伟在介绍他的作品"滑梯"时说：如果有一群穿西装、打领带的上班族，用另外一种速度和方式上下班：比如滑梯，人们一定觉得滑稽，但也有人会从这种"越轨"的行为中得到快感。

艾未未的"羊拐子"把早已被我们遗忘的童年时的游戏再次带入我们的生活。他的另一件作品"斜房子"让人们换一个角度"看"。斜的"小"房子与SOHO现代城"大"的建筑结构联系在一起，成为建筑的一部分。小房子、大房子谁斜？谁正？产生了有趣的错觉。

郑国谷是中国消费时期最重要的艺术家之一，他的"消费空间"挑战消费时代人们追求物质的价值观念。

丁乙的画"十示"遍布世界。无论是在意大利的威尼斯双年展（La Biennale Di Venezia, XLV Esposizione International D'Arte"），还是在瑞士的北也勒基金会（Bayeler Foundation, Bassel, Switzerland），还是在上海美术馆，我们都能找到丁乙的作品。"十示"阐述的是一个哲学问题：极小化地分解世界、分解宇宙，被人称为艺术界"纳米技术"。SOHO现代城艺术馆收藏的"十示"是丁乙的第一件雕塑作品。

我们还特意在全国的艺术院校征集，让学生也有机会与知名的艺术家一起展示他们的作品，如黄文智的"游泳"，李绘的"财富"。

SOHO现代城艺术馆收藏的13件大型现代艺术作品不同于一般博物馆的收藏，从最初的构思、制作，到最后的完成都与建筑的结构、空间有着严谨的关系。这些艺术作品带着他们生动而另类的表情、幽默且嘲讽的态度轻松地融入到现代都市人的日常生活中。

3　筒楼
4　筒楼内景

SOHO现代城艺术馆

5 从室内看室外
6 室内大厅

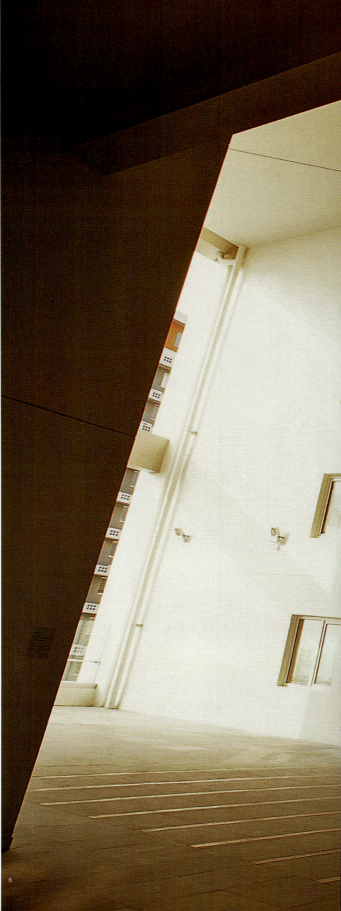

7-9　室内装置艺术

SOHO现代城艺术馆

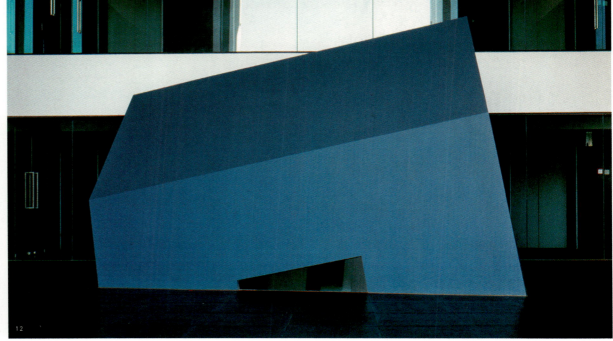

10　室内大厅
11-12　室内装置

SOHO现代城艺术馆　73

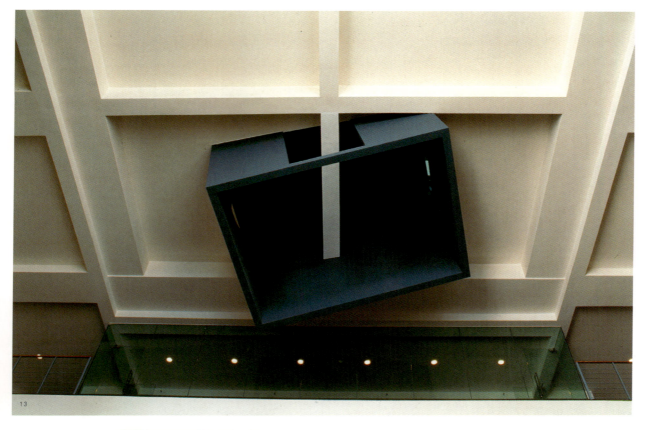

13　室内顶棚
14　室内装置

15 仰视室内顶棚

棕榈泉国际公寓俱乐部

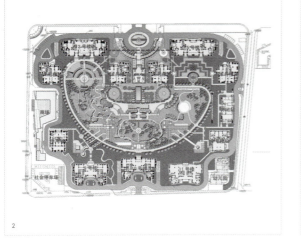

2

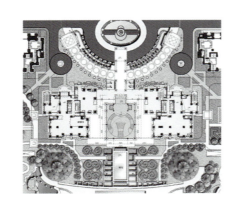

3

项目名称：棕榈泉国际公寓俱乐部

业　　主：世纪朝阳房地产开发公司

设 计 人：彭璨云、陈爽（施工图），新加坡DP建筑设计事务所，香港GIL公司室内设计事务所，美国贝尔高林景观设计公司香港分公司（方案）

建筑材料：钢筋混凝土外墙，干挂花岗石饰面，粉煤灰硅酸盐砌块，断热金属中空玻璃窗

结构形式：框架结构和框支剪力墙结构

造　　价：3880万元

建筑面积：12655.5m²

项目地点：朝阳区六里屯

完成时间：2003年8月

　　棕榈泉国际俱乐部是棕榈泉国际公寓的配套高档会所，总建筑面积12655.5m²，地上一层建筑面积364.6m²，地下两层，建筑面积共12245.9m²，其入口大堂在3号、4号楼之间，面积占据3号、4号楼地下一二层空间并向南北延伸，从小区主要的北入口通过环廊进入大堂，会所南面靠近中央庭园内的下沉广场。会所设施齐全，既为小区的住户服务，同时实行会员制对外界开放。

　　规划之所以将会所设于地下是缘于规划对小区的容积率有很严格的限制，为让更多的地上面积建造可以出售的公寓住宅，故只在地面首层设会所大堂，主要活动空间都设计在地下，从总体构思上为开发商赢得了可观的经济效益。为提高与改善地下建筑的使用环境，我们采用了下列手法。

1　　外景
2　　总平面图
3　　首层平面图
4-5　外景

（1）地面的会所大堂设计为四面玻璃幕墙体，顶部为穹形玻璃顶，会所大堂中的电梯厅直达地下两层空间中的大堂中庭，通过顶部和侧面的玻璃把阳光、蓝天直引入地下各层平面中。

（2）把游泳馆和两个圆形的活动厅放置在会所南端，结合园林景观的设计在中央庭园靠会所处开辟了一个长80多米，宽20多米的下沉广场，紧靠下沉广场的游泳馆南立面设计了大片玻璃幕墙，使整个会所南侧与中央庭园沟通并有充足的阳光。下沉广场规划了丰富的室外景观，并布置了室外泳池，通过游泳馆的南面大玻璃幕可以看到游泳馆的棕榈树和下沉广场的瀑布和潺潺流水，构成非常舒适的室内外环境。

（3）采用框架结构，柱网8m左右，平面与空间设计上比较灵活开放，增加了公共空间的开敞流动感。

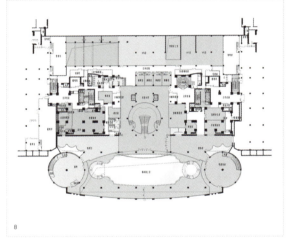

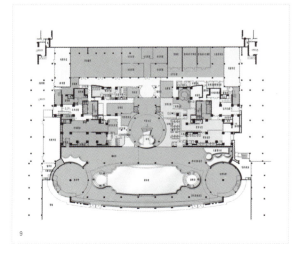

6-7　建筑外观
8　　会所地下一层平面
9　　会所地下二层平面
10　 建筑外观
11　 喷泉
12　 入口处雕塑

（4）利用通透的玻璃隔断来分隔会所的空间，在会所内能看到室外景色，改变了地下建筑的沉闷封闭感。

为提高会所的品质，还从总体环境设计上加以烘托：

（1）通过入口处环廊的设计渲染铺垫进入会所大堂的气氛。

（2）在入口大堂北面于视觉高度的位置上设计了一个倒影池，当进入大堂后可以直视大堂立面在水中的婆娑倒影，增加视觉的美感。

（3）利用会所的屋顶平面布置了景观丰富的屋顶花园，与游泳馆前的下沉广场共同构成会所的主体绿化环境。

由于社区档次的要求，俱乐部设施齐全，除餐饮、酒吧、棋牌、美容美发、健身房外，还设有舞蹈室、长50多米的泳池及儿童嬉水池，并设有图书吧、红酒吧、SPA水疗和一个400m²的多功能厅，可以举行较大规模的各种酒会、宴会与商务活动。为了节省造价，层高尽量压低，地下一层为3.8m，地下二层3.9m，各专业精心设计配合，使会所净高能充分满足使用要求。设计中我们还采用了一些新技术、新建材和新的设计手段。

（1）下沉广场采用止水帷幕和反滤层的设计解决了结构抗浮同时阻挡园林的水流，保证了下沉广场与泳池空间的使用。

（2）在防火分区上采用耐火极限3小时的铯钾防火玻璃隔断，既满足了防火要求，又使室内空间视觉通透，打破地下建筑的封闭沉闷感。

（3）会所顶层是屋顶花园，花园上有各种建筑小品、水池、花草、绿地，为了保证会所的使用，在屋顶防水上采用铝铅锡锑合金卷材与自粘卷材结合的防水构造，在绿地下采用排水垫，有效排除屋顶的雨水与浇花水，有很好的使用效果。

棕榈泉国际公寓俱乐部为地下建筑，共分为11个防火分区，设有自动喷淋灭火系统、排烟系统及各项自控系统，各专业都按照消防防火规范的要求精心设计，并与香港GIL室内设计公司积极配合，使室内设计的许多构思得到最终的实现。

棕榈泉国际俱乐部已投入使用近两年，得到开发商和客户的好评，并成为北京市高档次的俱乐部，它的建成对提高社区的档次和服务于社会起到了积极作用。

13—14　室内穹顶
15—16　室内中庭
17　　　室内大堂

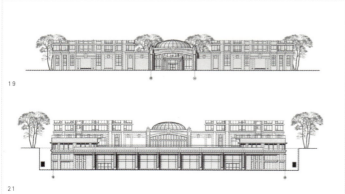

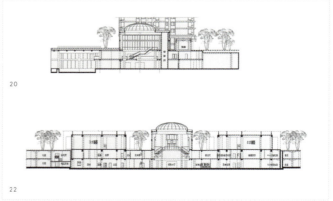

18　室内楼梯
19　会所北立面
20　会所南立面
21　会所纵剖面
22　会所横剖面

23 室内壁灯
24 楼梯

25 室内
26 室内一角

27-28　室内泳池

29-32 室内泳池

33-34 泳池躺椅

富成花园会所

项 目 名 称：富成花园会所	结构设计：顾子聪 李爱华 翟燕
业　　　　主：北京宏达房地产开发有限公司	电气设计：程开嘉 苏燕昕
方 案 设 计：MATTHEWS ARCHITECTS（澳大利亚）	设备设计：洪学兰
建 筑 师：Hans Grauwelman	土建造价：约1750万元
施工图设计：北京中联环建文建筑设计有限公司	完工时间：2000年3月
建 筑 师：董屹江 尹忠强 陶嘉	摄　　影：林铭述

1-3 外景

4

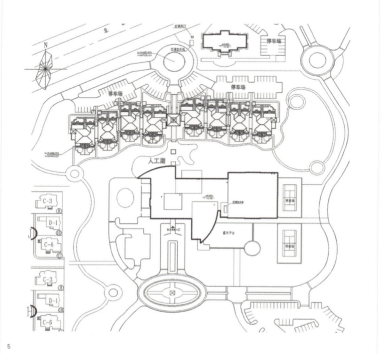

5

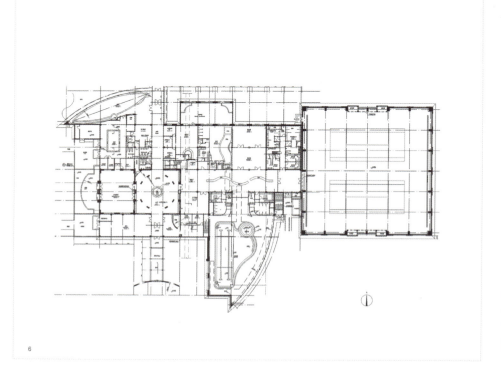

6

4　　外景
5　　总平面图
6　　一层平面图
7-8　外景

本工程为富成花园别墅的配套会所，建筑面积5100m²，位于朝阳区北四环东路北侧，北渠湖西路东侧，北临沥青厂路，东面是城市绿地。会所共2层，包括网球馆，建筑高度约9m。布置健身、游泳、桑拿、网球馆及超市餐饮等，二层局部为阅览室、棋牌室及办公室。

本项目选择了澳大利亚建筑师MATTHEWS ARCHITECTS。该建筑设计在造型和色彩上均具有澳大利亚风格。外墙材料为黄白两色涂料和陶土砖，屋顶为灰黄两色的油毡瓦。景观及室内设计也迎合主体建筑的设计风格。

9 室外局部

10-11　外景

12 室内大堂
13 南立面，西立面
14 北立面，剖面图
15 大堂天棚

13

14

15

富成花园会所 95

16 接待台
17 室内一角
18 接待区
19 卫生间
20 健身房

1 效果图
2 外景效果图

天津东丽湖会所

项目名称：天津东丽湖会所

业　　主：天津万科

设计单位：加拿大BDCL事务所

建 筑 师：彼得·巴士比

建造地点：天津市东丽湖新市镇

建筑材料：钢木结构，中心筒体和裙房主体结构为钢筋混凝土结构，外檐和内檐的外露部分为清水造面。

完成时间：2004年

3　外景局部
4　室内一角
5-7　外景

设计构思：会所顶部独特的造型，成为东丽湖社区的地标。水平开阔的空间提供一处俯瞰整个区域的看台，滑水竞赛、湖光景色及东丽湖的生活社区在此尽览。会所裙房一侧为景观覆土，另一侧为通透的玻璃立面。建筑与自然浑然天成，成为一体。会所的外型设计是有机的，其内部空间是具有层次的，渐进的空间处理手法，为使用者提供了一个引导性、启发性的视觉空间和感受经历。

BDCL的设计理念为：任何建筑应是诚实的，建筑的使命应是反映它的环境，它的历史，以及它的用途，建筑本身应是一个健康的、舒适的空间。

诚实的建筑通过其特殊的结构体系表现，冷峻的钢与温暖的木材结合，粗实的混凝土与轻巧的玻璃搭配，都体现了BDCL秉承的建筑结构互为有机、不可分割的设计理念。

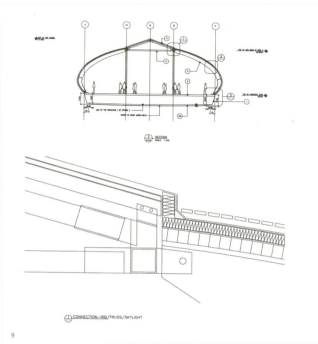

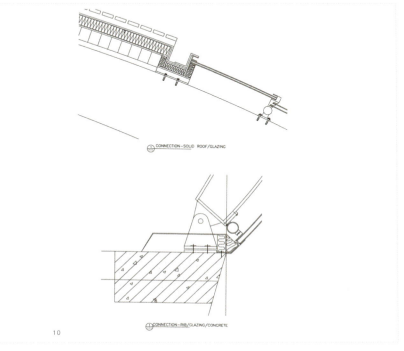

8　外景
9　剖面细部
10　细部

天津东丽湖会所　101

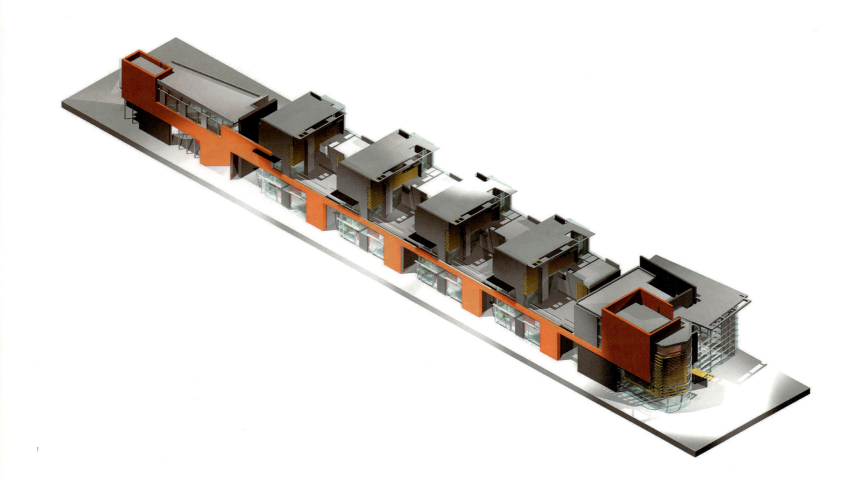

1-2 模型

3　外景

北京境界社区会所

项目名称：北京境界社区会所
业　　主：北方国际
设计单位：加拿大BDCL事务所
建 筑 师：艾伦·伯利费斯 / 尼格尔·鲍德温
项目地点：北京亦庄经济技术开发区
建筑材料：钢筋混凝土
完成时间：2004年

运用现代构成主义手法，塑造了立面造型的明快感和层次感，创造出了"跃动"的节奏。

"线性会所+Cluster"的会所，其设计打破了集中式的会所，我们做成小街，有点北京胡同的感觉。在体现简约主义精神的同时，将功能合理分区，一个一个小店可以租给书店、咖啡馆、SPA、托儿所等等，底下是小的店面。二楼的Cluster，户型独特，如珍珠缀于宝冠，仅设四户，间隔而置，使居者可独享超大屋顶平台与私密的居家空间，同时更便捷地在家与休闲中转换，从屋顶平台看会所前的林荫大道，将快乐的情绪独自收藏。一步步递进，包括建筑内的远近都反复强调了视觉性。

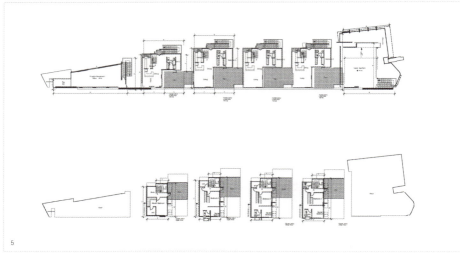

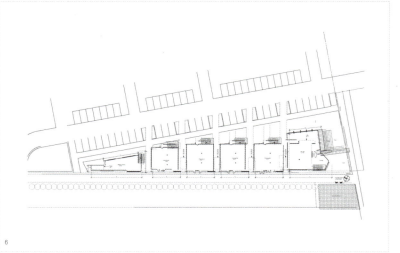

104　会所设计 1

4　外景
5　平面图
6　总平面图
7　局部
8　入口

1　外景

东方太阳城社区会所

项目名称：东方太阳城社区会所
业　　主：东方太阳城房地产开发公司
设 计 人：王庆、黄进、杨岷源、丁彦（施工图），
　　　　　美国SASAKI公司（方案）
建筑材料：钢筋混凝土外墙，陶粒混凝土空心砌块；
　　　　　轻钢屋架坡屋面
结构形式：框架结构，屋面局部轻钢结构；
　　　　　旅馆为框架剪力墙
造　　价：社区中心，4120万元（建筑面积：15845m²）；
　　　　　健身中心，2365万元（建筑面积：9086m²）；
　　　　　零售中心，2460万元（建筑面积：9464m²）；
　　　　　旅馆，2260万元（建筑面积：8676m²）
项目地点：顺义潮白河畔王家场村
完成时间：2004年8月

本组建筑是东方太阳城老年退休社区的公共服务中心,总建筑面积4.26万m²,共分四组建筑,围绕中央水景呈集群布置。中央水景是直径达60m的圆形人工湖,周边是宽敞的亲水步行街道。中央水景正南是步行街道放大形成的太阳广场,是公共服务中心的主入口。正北是综合服务设施——社区中心,建筑面积1.58万m²,地下一层为农贸市场和物业管理中心,首层设有超市、精品店和各式餐厅,二层是中心大堂、多功能厅、图书馆、活动室,三层为小多功能厅及各类活动室。社区中心是本组建筑的中心公建,为了突出该建筑的主导地位,在空间序列的设计上进行了重点安排,进入门厅后,迎面是直达二层的室内大楼梯,将人的视线很自然地引向二层中心大堂,中心大堂通高两层,形成共享大厅,共享大厅顶部为圆形天窗。置身中心大堂,视觉高敞开朗,举头可见蓝天流云,心情不禁随之舒展明媚。中心水景正东是健身中心,建筑面积0.91万m²,设有两个标准篮球场和拥有环形室内跑道的室内综合球馆,保健设施完善的游泳馆,健身房、体操房以及保龄球馆;健身中心南部是面积近1700m²的社区医院,设有常规门诊、检验、急诊及30床位病房。健身中心功能内容丰富多样,空间组合高低错落,大小有别,技术难度较高。正西为零售中心,地下1层、地上2层,是银行、邮局、各类零售、服务、饮食店集中区。在健身中心东边建一幢约8300m²的旅馆,地下1层、地上5层,为来此参加各种老人节的各地老人提供了方便、舒适的住宿设施。为适应老年人群的使用要求,本组建筑均进行了无障碍设计,各单体公建均设有坡道、电梯及残疾人使用厕位。

本组建筑在造型设计上充分考虑了老年居民的心理、生理行为需求。根据相关研究,老年人视觉衰退,对暖色系的橙、黄色较为敏感;此外,老年人思想成熟,处事稳健,不喜欢浮华、喧闹的事物。本组建筑采用较为自由的平坡结合造型,平实而不显拘谨。外立面装饰运用浅黄色、砖红色等柔和而醒目的色彩,以涂料为主,局部外窗加设墨绿色遮阳篷,通过对比色的运用,突出了既能活跃视觉感受,又不失端庄稳重的建筑个性。具体到建筑单体而言,社区中心位置居中,地位突出,立面处理上采用对称的双坡屋面形式,南面外墙采用平行中心圆形水

景的弧线,使造型上稳重中又不失活泼。健身中心与零售中心,分列东西,前者依据功能要求采用高低错落的双坡屋面,轻松、自然;后者有意与前者对比,采用了平顶造型;为了与场地形成整体的关系,两者均沿中心水景设置圆弧外墙。旅馆位置相对独立、自由,屋面采用对称的圆弧造型,按3层至5层的高低变化,有机穿插,形象鲜明。整组公建既统一呼应,又各显特色,形成完整、有机、亲切、随和的老年退休社区公共服务中心。

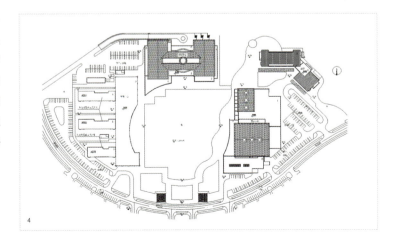

2-3 外景
4 会所总平面图

5 外景
6 室外水景
7 外景
8 入口处
9 外景远眺

东方太阳城社区会所 111

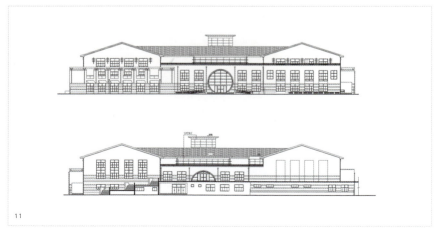

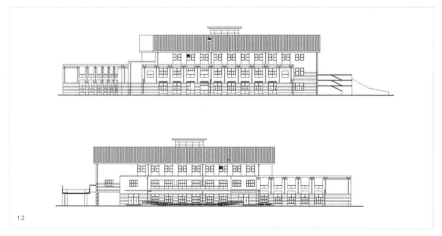

10　接待大厅
11　会所中心立面1
12　会所中心立面2
13　贵宾洽谈室
14　室内大厅

东方太阳城社区会所

15　室内游泳池
16　保龄球馆

17 接待大厅

18　图书馆
19　餐厅
20　盥洗室

菩提树休闲会所是陈文锋先生于2004年9月份耗资近500万人民币精心策划设计完成的高档休闲场所，地处于北京市朝阳区最繁华的三里屯商业区，与著名的工人体育场仅数步之遥。

为追求一种宁静幽雅的气氛，整个建筑以清新高雅独特的泰式风格为主。因此在建筑材料的选择上，无论是地板、房间的门框及内置的摆设，设计者都精心筛选了天然木材为主要装饰材料，同时配以轻盈的纱帘作为陪衬，显得神秘而又安宁。会所的使用面积约1500多平方米，可同时容纳近150人享受专业按摩师为您提供的按摩服务，还可以体验到来自泰国曼谷的泰国理疗师为您带来的正宗泰式按摩。

一家专业的休闲场所，无论是在服务的理念还是在环境的设计上都是要以人为本的，因此菩提树休闲会所在装修的细枝末节上也煞费了一番苦心。在会所的内部，每个楼层都设计了一个水池，以假山游鱼置入其中，山上有活水潺潺流入池中，营造出一份清新的气氛。而每个房间内更是以兰花作为点缀，散发出阵阵清香，使顾客一进入菩提树休闲会所的那一刻便被这潺潺的水声及天然草木香料所散发的芬芳所吸引，浑然忘记身处于喧嚣、忙碌的都市，仿佛置身于充满东南亚风情的泰国，给人带来身心上的放松及享受，使人流连忘返。

1　室外
2　前台
3　休息区
4　室内走廊

菩提树休闲会所

项目名称：菩提树休闲会所
业　　主：陈文锋
设 计 人：陈文峰
造　　价：500万
项目地点：北京市朝阳区工体北路
完成时间：2004年9月

休息室

项目名称：天津东丽湖邻里中心

项目名称：左右间咖啡

项目名称：北京贝迪克阿根廷烤肉

项目名称：北京太伟运动休闲度假村会所

项目名称：国家体育总局射击射箭运动中心　射击俱乐部

项目名称：SOHO现代城艺术馆

项目名称：棕榈泉国际公寓俱乐部

项目名称：北京境界社区会所

项目名称：富成花园会所

项目名称：东方太阳城社区会所

项目名称：天津东丽湖会所

项目名称：菩提树休闲会所

后 记

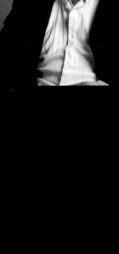

经过近八个月时间的大量图文资料搜集整理和编辑工作,"新建筑设计"系列丛书《售楼处设计1》、《会所设计1》、《旧建筑空间的改造和再生1》三本书终于得以出版面世。

"会所"建筑是伴随着中国改革开放,房地产业快速发展而在我国出现的一种新的充满活力的建筑类型。

目前,主要的会所建筑种类有住区会所,健身会所和休闲娱乐会所。由于会所的经营者十分重视会所的室内外空间形象及品质,往往投入较充裕的资金进行会所的建造,由此而为建筑师提供了较为宽松的设计条件,使得建筑师能够充分发挥想像力和创造力,设计出不少具有较高水平的会所建筑。

为了向广大建筑设计人员,教师和青年学生及房地产开发企业展示这些优秀的会所建筑作品,我们收集了大量北京当前比较知名的会所建筑案例编辑而成《会所设计1》一书,以促进建筑业同行及相关专业人士之间广泛的交流,从新的视角来思考建筑创作,共同繁荣建筑创作及提高设计水平。

在本系列丛书的编辑工作中,得到了众多设计师,建筑设计机构以及房地产开发企业的全力支持和热忱帮助,借此对他们表示衷心感谢和敬意!另外,要特别地感谢中国建筑工业出版社和《建筑师》杂志社的领导和编辑们,感谢他们始终如一的倾情关怀和辛勤认真的工作,尤其是黄居正主编的鼎力相助与指导,使"新建筑设计"系列丛书能够顺利诞生。最后,还要感谢我们的国家,经济繁荣昌盛使我们得以有这么多创作实践的机会。愿此系列丛书能为中国建筑创作更加走向百花齐放,推陈出新作出应有的奉献!

鲁岗

二零零六年四月于北京

图书在版编目(CIP)数据

会所设计1／刘光亚，鲁岗主编—北京：中国建筑工业出版社，2006
（新建筑设计丛书）
ISBN 7-112-08359-1

Ⅰ.会... Ⅱ.①刘...②鲁... Ⅲ.服务建筑－建筑设计
Ⅳ.TU247

中国版本图书馆CIP数据核字(2006)第048675号

责任编辑：何 楠 王莉慧 黄居正
装帧设计：方舟正佳
责任设计：崔兰萍
责任校对：孙 爽 王雪竹

新建筑设计丛书
会所设计1
刘光亚 鲁 岗 主编
*
中国建筑工业出版社出版、发行（北京西郊百万庄）
新华书店经销
制版：北京方舟正佳图文设计有限公司制版
印刷：北京画中画印刷有限公司印刷
*
开本：787 × 1092 毫米 1/12
印张：10⅔ 字数：300千字
版次：2006年8月第一版
印次：2006年8月第一次印刷
印数：1 – 2500册
定价：**90.00**元
ISBN 7-112-08359-1
(15023)

版权所有 翻印必究
如有印装质量问题，可寄本社退换
(邮政编码 100037)
本社网址：http：//www.cabp.com.cn
网上书店：http：//www.china-building.com.cn